お取り分け猫ごはん

猫と同じゴハンを食べてわかった24のコト

著者
五月女圭紀
オーガニック料理ソムリエ

監修
はりまや佳子
オーガニック料理教室G-veggie代表

同じごはんを一緒に食べていたら猫の気持ちが伝わってきた。

「まだかニャ……」
おちろさん（♀）とコロ次郎さん（♂）が
お待ちかねです。
我が家では
ニャンコも人も毎日同じメニュー。
日々 "同じ釜のメシ" を食べていると
何だかとっても幸せです。
ウチの一家団ニャンの秘訣は
お取り分け猫ごはん。
「手作りごはんなんて、めんどくさい!」
「お金がかかるのでは?」
私もそう思っていました。
でも、始めてみるとカンタンだし、
余計なお金もほとんどかかりません。
何より安全な食べものなので
小さなニャンコにも安心して与えられます。
みなさんも大切な猫ちゃんと
同じ食卓を囲んでみませんか?
では……「いただきます!」

お取り分け 猫ごはん Contents

まえがき 2

お取り分け猫ごはんの**幸せ効果**

1. 同じものを食べて、心が通じるようになる 6
2. 病気知らずの健康体になる 8
3. 体臭・便臭がなくなり、毛ヅヤがよくなる 9
4. 性格が穏やかになる 10
5. 個性を把握できる 11
6. 残飯やゴミが減る 12
7. 経済的負担が減る 13
8. 手作りごはんを楽しみにしてくれる 14
9. 人も猫もダイエットできる 15

お取り分け猫ごはんの**簡単ルール**

1. オーガニック食材のススメ 16
2. ベースごはん＝「玄米」or「白米+炒り糠」+おから 18
   五月女流猫ごはんの作り方 19
3. 小麦製品はたまにならOK　麺類はそばが◎ 20
4. 野菜・きのこ・種子類は積極的に取り入れる 21
5. 大事なたんぱく質はたっぷりと 22
6. 海藻類・乾物・だしを便利に使う 23
7. 調味料は不要・人の分は後づけで 24
8. 割合・量・時間は厳密でなくてOK! 25
9. 消化しやすく、ごはんとおかずを混ぜる 26
10. 猫ごはんは常温で、うんちの硬さはおからで調整 27
11. 食べさせてはいけないNG食材 28
12. アレルギーと好転反応を知る 30

お取り分け猫ごはんの レシピ24

あじの刺身と彩り野菜のキヌアサラダ	32
キャベツの肉巻きラップサラダ	36
もち麦の寒天よせ	40
チョップド・ライスサラダ	44
おからのリースサラダ	48
はと麦の美肌スープ	52
切り干しだいこんの豆乳酒粕鍋	56
巻かないロールキャベツ	60
もち麦のしゅうまい	64
高きびとキャベツの鶏餃子	68
おからナゲット	72
きのこと大豆ミートの一口ハンバーグ	76
もち麦と厚揚げ入り鶏ハンバーグ・チアシードのポン酢ジュレ添え	80
ひよこ豆と野菜のスペイン風オムレツ	84
ローストビーフの玄米握り寿司	88
たらと根菜たっぷりのターメリックライス	92
美肌そば	96
たらと玄米の豆乳チャウダー	100
黒豆とひじき&小豆の玄米おむすび	104
豆腐つくね	108
大豆ミートと鶏のそぼろ	112
切り干しだいこんのサラダ	116
ブロッコリーの茎サラダ	120
キャベツと豚のスチームサラダ&ほうれんそうとささみのごま和え	124
オーガニック料理教室　G-veggieのご紹介	128

お取り分け猫ごはんの**幸せ効果**

1

同じものを食べて、心が通じるようになる

　家族が幸せに仲良く暮らすために、食事はとても大きな役割を果たすもの。伴侶や子どもはもちろん、ペットもまた、それは同じですよね。「同じものを食べることで、体を作るおおもとである血液が同じような状態になり、心が通じ合うようになる」というマクロビオティックの考え方に心を打たれ、人とペットが一緒に食べられる食事を作り始めたのは、3年前の再婚がきっかけでした。

　そのとき、私には愛犬が2匹いました。猫のおちろさんとコロ次郎は主人の連れ子。犬2匹と猫2匹、すでに子どもではないこの4匹が果たして一緒に住めるのかしらと不安でいっぱいでした。案の定、2匹の猫は私に敵意むき出し、歯もむき出しで、「シャー!」。ワンコチームとニャンコチームは顔を見合わせれば大ゲンカ。このままではいけない、この子達のママになるにはどうしたらいいんだろう、みんな仲良く暮らす

ために、私は何をしたらいいんだろうと毎日答えを探し求めていました。そんなとき、出逢った本が『幸せわんこの健康ごはん』(はりまや佳子/WAVE出版) だったのです。その日から「この子たちに合った、わたし流幸せごはんを作っていこう!」と勉強を始めました。

　そうして、**家族みんなが一緒に食べられるごはんを作るようになると、みるみるうちに皆の距離が縮まり**、犬猫チームのケンカも収まったのです。しかも、みーんなとても健康になりました。

　この本には、そうした生活の中で発見したレシピやアイディアが詰め込まれています。毎日でなくても構いません。気軽な気持ちで始めてみてください。猫ちゃんとの絆をより深めつつ、人も猫も、より健康に暮らせる……きっと、あなたが想像する以上のハッピーな生活が待っています!

お取り分け猫ごはんの**幸せ効果**
2
病気知らずの健康体になる

お取り分け猫ごはんの最大のメリットは、やはり健康面への効果です。市販のキャットフードは、成分表を見れば一目瞭然ですが、添加物がいっぱい！ 人間に比べて体の小さな猫は、どうしてもその影響を大きく受けてしまいます。

また、ドライフードは水分量が少なく、水を飲まない子も多い猫にとっては、水分によるデトックスが滞ってしまい、老廃物がたまる原因にも……。**本書で紹介するお取り分け猫ごはんに変えれば、添加物の危険とも無縁となり**、ドライフードに比べて7〜8倍の水分を補給できるので、猫はみるみる健康になります。

我が家のおちろさんは12歳のおばあちゃんですが、病気をしなくなり、食欲も増進し運動能力もとり戻しました。コロ次郎さんもずっと続いていた詰まり癖（尿路閉塞）がピタリと止まりました。

お取り分け猫ごはんの**幸せ効果**

3

体臭・便臭がなくなり、毛ヅヤがよくなる

お取り分け猫ごはんを始めて、まず気づいた変化が、においです。キャットフードを食べさせていたときと比べて、あきらかに体臭や口臭がしなくなりました。

一緒に暮らすようになってから3年、一度もお風呂に入れていませんがまったくにおわないのです！ 猫独特の、ツンと突き刺すようなオシッコのにおいも軽減され、つい、おトイレ掃除のタイミングを逃してしまうほど。

もちろん便臭も、以前と比べて驚くほど薄まりました。体に余分なものが溜まっていると、排泄物はくさくなります。逆に、**体内がスッキリ掃除されていれば、排泄物もそれほどにおわない**のだと思い知らされました。尿や便のにおい・色は、健康状態を知るバロメーターになります。また、一目瞭然で変わったとわかるのが毛ヅヤです。**毛ヅヤは健康状態に比例して輝きを増すもの**。健康になると肌ツヤが良くなるのは、人間も猫も一緒ということです。

お取り分け猫ごはんの**幸せ効果**

4
性格が穏やかになる

　食事が変わると、精神状態にも変化があらわれます。「健全な精神は健全な肉体に宿る」とはよく言ったもの。食べるものが変わり、**体を作っている血肉が変われば、それにあわせて心も変わる**のです。これは人間も猫も同じ。猫だって、食事が変われば性格も変わるのです。

　うちには、猫のほかに犬もいるのですが、市販のキャットフードやドッグフードをあげていたときは、ニャンコチームとワンコチームのモメ事もしょっちゅうで顔を合わせれば大ゲンカの毎日でした。子犬・子猫の頃から同居していたわけではないので、仕方がないのかなぁと思っていたのですが、**手作りごはんにしてからは、どちらも性格が穏やかになり、我の強さが目立たなくなった**のです。食品添加物などの不純物が体に与える影響は意外と大きく、それによってイライラし、怒りっぽくなるのだと痛感させられました。

　これはもちろん、人間にもあてはまると思います。

お取り分け猫ごはんの**幸せ効果**
5
個性を把握できる

　我が家には、現在猫2匹&犬1匹がおり、三匹三様、全員性格も好みも違いますが、メニュー作りの基準にしているのは、好き嫌いが多く飽きっぽい、末っ子の猫・コロ次郎です。

　長女のおちろさんと、愛犬・信太郎は何でも食べてくれますが、コロ次郎は同じメニューが2日続くと飽きて食べなくなったり、混ぜれば食べるけれど単体では食べないなど、典型的な気まぐれ猫さん。ですが、市販のキャットフードをあげていたときには、ここまで食に対して気まぐれで好き嫌いがあるということに気づけませんでした。好きな食材や苦手な食材も三匹三様、それぞれ違います。**お取り分けごはんにしてから、より個性がはっきりわかるようになった**のです。

　それぞれ違う個性を持っていることが愛おしく、みんな残さず食べてくれるためにはどうしたらいいのか、手を変え品を変え、毎日キッチンに立っています。

お取り分け猫ごはんの**幸せ効果**

6
残飯やゴミが減る

　お取り分け猫ごはんでは、有機・無農薬のいわゆるオーガニックの食材をオススメしています（くわしくは後述します）。

　我が家では人・猫・犬、みなオーガニック食材を食べていますが、無農薬だと、皮をむく必要がなく、**皮付きのまま調理しても安心安全**。だいこんやにんじんの葉も美味しく食べられ、捨てるところを最小限に抑えら

れるので、**生ゴミも少なく済む**のです。市販のキャットフードのように、毎回パウチや缶などのゴミが出ることもありません。

　また、お取り分け猫ごはんで、メインの炭水化物は玄米。玄米は、白米と違い、1、2回サッと洗うだけなので水道代の節約にもなり、排水の汚れも最小限に抑えられ、地球環境にも優しいと良いことづくめなのです。

お取り分け猫ごはんの**幸せ効果**

7
経済的負担が減る

　お取り分け猫ごはんでは、人も猫も同じ、**家族全員が食べられるものを作るので、一人あたりの食費が安くあがります**。また、旬の食材を使いますが、旬の食材というのはその時期大量に出回り、安く手に入るので、経済的に負担が少なくなるのです。中でもオーガニックの食材は、食材そのものが新鮮で美味しい、つまり素材の旨味が調味料。余計な調味料やソースを買ってくる必要もありません。

　そして、**オーガニック育ちの生き生きとしたものを食べれば、人も猫も生き生きする!**　これはやはり、生き生きと育った自然なものは、やはりそうでないものと比べて生きるための力=生命力が宿っているからだと思うのです。特に動物は人間以上に医療費がかかるもの。**毎日の食事で健康になれば、無駄な医療費もかかりません**。お取り分け猫ごはんは、「猫に小判(おかね)」もあまりかからず、お財布にもとても優しいのです。

お取り分け猫ごはんの幸せ効果
8

手作りのごはんを楽しみにしてくれる

ソロソロ、トコトコ、ゴソゴソ……ごはんの時間が近づいてくると、みんながキッチンに集合し始めます。

「今日は何食べよっか～」という私のつぶやきにあわせるかのように、キッチンに勢揃い。おちろさんは炊飯器の収納ボックスが定位置、コロ次郎と信太郎は足元で今か今かとスタンバイしています。

「今日も全部食べてくれるかな」なんて考えながら、ごはんを作る時間は幸せそのものです。そうして、いざ出来上がってごはんを出したときの、食べっぷりを目にすると、これくらいの手間はなんてことないな～、と思えてきます。

食べっぷりがいいのは健康である証、食欲があるということは生命力が旺盛な証。今日も家族が元気でいてくれることを確認できる時間でもあるのです。

そうして「ごちそうさま!」といわんばかりに、こちらを見上げる猫たちの愛おしさといったら! **手作りごはんを一粒残らず食べてくれたときの幸福感は何物にも代え難いもの**です。

お取り分け猫ごはんの**幸せ効果**

9

人も猫もダイエットできる

　面白いもので、太っている飼い主さんにはおデブちゃんの猫が多いという傾向があります。お取り分け猫ごはんは水分が多いため、実際の量も見た目も、市販のキャットフードに比べてボリュームたっぷり。初めて見たときには、「こんなに食べるの?」とびっくりするぐらいの量。それだけのごはんを**お腹いっぱい食べて、なおかつ自然に体重が落ちていく**のがお取り分け猫ごはんの素晴らしいところ。

　マクロビの考え方を基本に、猫に必要な**質の良いたんぱく源を取り入れており、余分な油や調味料を使わず、低カロリー**なのに食べごたえはバッチリ！　さらに、猫には必要のない塩分＆糖分は基本的に入れません。そうした、猫にもお取り分けできるヘルシーなごはん作りを始めたことで、私たち人間の食生活を見直すきっかけにもなりました。そしていつの間にか、我が家の食いしん坊な猫も人も、空腹感を感じることなくお腹いっぱいに食べて体に負担なく自然にダイエットができたのです。

お取り分け猫ごはんの**簡単ルール**

1
オーガニック食材のススメ

　お取り分け猫ごはんは、人も猫も、家族みんなが美味しく食べて健康になれることをモットーにしています。そのために、ぜひ**オーガニックの食材を選んでほしい**と思っています（もちろん、そうでなければダメ！ということはありませんが）。オーガニックは、有機という意味。化学農薬や化学肥料などを使わず、自然に近い状態で作られた、安全性の高い食品です。通常、野菜は皮と身の間が一番栄養価があるとされますが、残留農薬があるため、皮をむいて食べることがほとんど。でも、オーガニックならその必要はありません。また、抗酸化物質が多く含まれており、味わいが濃く、美味しい！

　「オーガニック食品は高い」と言われる方もいらっしゃると思います。ですが、美味しくて体に良い食材で必要な栄養をとれて、病気を防げると考えれば、どうでしょうか？　体を

16

壊して病院にかかることを考えれば、決して高いとは言えないのではないかと思います。ニャンコやワンコの具合が悪くなり病院へかかると、数万円〜数十万円の医療費がかかります。かつて、私が一緒に暮らしていた愛犬に原因不明の腫瘍ができたとき、放射線治療や抗がん剤投与で百万円以上の医療費がかかりました。

日々の食事で、私たち人間の体も猫の体も作られています。

猫を「飼う」ではなく、我が子同様に「育てる」。この本を手に取って下さったのは、きっとそんな気持ちで猫ちゃんと暮らしている方ですよね。すべての食材でなくても構いません。まずはおためしの感覚で、手に入りやすいオーガニック食材を食べてみてください。すぐにその素晴らしさに気づくことでしょう。

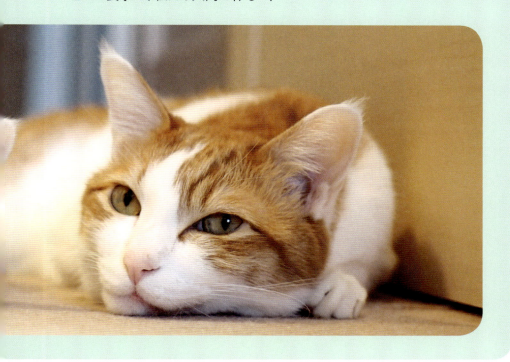

17

お取り分け猫ごはんの**簡単ルール**

2

ベースごはん＝ 「玄米」or「白米＋炒り糠」＋おから

お取り分け猫ごはんでは、猫ちゃんのメニューは基本的に「ベースごはん＋おかず」を混ぜたものになります。

ベースごはんは、私たちの食事同様に炊いた白米や玄米など、穀物を中心とした炭水化物におからを混ぜたものです。中でも一押しの穀物が玄米。玄米は白米より栄養価が高く、さらに体内の不要なものをどんどん排出するデトックス効果があります。私は、圧力鍋で、玄米の1・25倍の水で炊いていますが、炊飯器でももちろんOK！　どちらにせよ、玄米は消化があまり良くないため、**柔らかめに炊くか、おかゆなどにする**と良いでしょう。普段白米がメインという方は、そのまま白米を使っていただいても結構です。その場合、ぜひ「炒り糠」をプラスしてください。糠には、食物繊維やビタミン、ミネラル、毒素の排出を進めるフィチン酸など、米の栄養素のほとんどが詰まっているからです。この糠を炒ってドライな状態にしたものが「炒り糠」。生の糠を買って自分で炒ってもいいですし、炒った状態のものもスーパーやネットショップなどで簡単に手に入れることができます。（残留農薬の危険のないオーガニックの糠をオススメします）これに、食物繊維たっぷりのおからを足せばベースごはんのできあがり！

ヒエやキビなど雑穀も老廃物を外に出して新陳代謝を上げる作用があり、ビタミン、ミネラル、アミノ酸も豊富に含まれた猫ちゃんに良い食材です。こちらも消化しにくいので、ごはんと一緒に柔らかく炊くか、おかゆにしてあげましょう。

大麦（丸麦）・押し麦は血糖値の上昇を抑え、腸内環境を整える効果があります。またお肉の代わりになるのが高きび（モロコシ）。炊いた高きびはもっちりとした食感がお肉に似ているので、ひき肉の代わりに使えて満腹感もありヘルシーです。ビタミンB1とカリウムが豊富で、体の中に溜まった余分な塩分を排出してくれるといわれています。

五月女流猫ごはんの作り方
（猫×2匹分）

［玄米のベースごはんの場合］

【材料】（1匹あたり）
- 玄米ごはん ⋯⋯ 20g
- おから ⋯⋯ 大さじ1

① フードプロセッサーに、玄米ごはんとおからを入れる

② P.32 〜でご紹介しているメインのおかずを加える

③ フードプロセッサーで細かくして混ぜる

④ できあがり

［白米のベースごはんの場合］

【材料】（1匹あたり）
- 白米ごはん ⋯⋯ 20g
- 炒り糠 ⋯⋯ 小さじ1
- おから ⋯⋯ 大さじ1

① フードプロセッサーに、白米ごはんと炒り糠、おからを入れる

例：キャベツの肉巻きラップサラダ（**P.36**参照）

オススメ情報

我が家では、ベースごはんに市販の「有機小豆の粉末」か、「小豆のゆで汁」を少々加えています。小豆には、腎機能を助ける効果があり、尿路閉塞やおもらしなどのおしっこトラブルを改善してくれるからです。実際にウチのコロ次郎は、ピタリと解消しました！

お取り分け猫ごはんの**簡単ルール**

3

小麦製品はたまにならOK
麺類はそばが◎

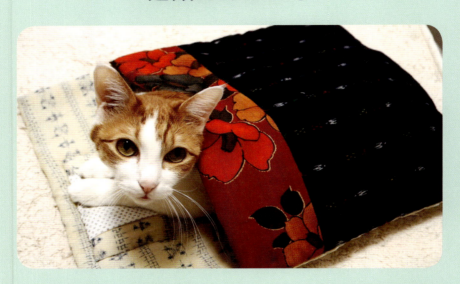

たまには、ごはんの代わりにゆでたパスタや、添加物の入っていないパンをあげるのも良いですね。ただ、小麦を取り過ぎると体の水分が奪われて肌が乾燥し、かゆくなる場合があるので要注意。あるとき、私の友人の子供がアトピーで困っていると相談を受けたので、パスタ、ピザ、パンなど小麦系の食べものをやめてみるよう伝えました。すると、数カ月やめただけで、肌に潤いが戻ってかゆみが治まり、薬なしの生活に戻れた！とうれしいお知らせが入ったのです。猫や犬も同様で、小麦を使った食品を常食すると、皮膚が乾燥してかゆがる子が多いように思います。食べさせるのはあくまで「たまに」にとどめておきましょう。また、市販のパンは、砂糖やマーガリンなど猫ちゃんには不向きな食材のほか、保存料など添加物が入っている場合が多いので、避けてください。麺類なら、食物繊維が豊富で腸内環境を整えてくれるそばがオススメですが、事前に必ずアレルギー検査をしてください。

お取り分け猫ごはんの **簡単ルール**

4

野菜・きのこ・種子類は 積極的に取り入れる

　毎食、できれば2〜3種類はメニューに取り入れたいのが旬の野菜です。野菜は旬の時期が一番栄養価が高く、その時期に体に必要な栄養素が詰まっています。旬だからこそ、たくさん市場に出回り、美味しい上にお値段が安いのも魅力です。

　オーガニックかつ無農薬の野菜の場合は、最も栄養のある皮から身にかけての部分を食べられるよう、皮をむかずに使ってください。農薬を使用している野菜を使う場合は、きちんとむきましょう。また、くわしくは後述しますが(P.28)野菜に関しては食べさせてはいけないものがいくつかあるので、気をつけてくださいね。

　きのこ類は、人が食べられるものであれば猫ちゃんにあげてもOK！抗がん作用もある体にいい食材なので、毎日少量ずつ取り入れるのがオススメです。

　ごまやかぼちゃの種などの種子も、栄養価が高く猫ちゃんに良い食材です。すりつぶしてあげてください。

お取り分け猫ごはんの**簡単ルール**

5

大事なたんぱく質はたっぷりと

　肉食である猫にとって、たんぱく質は人間以上に重要な栄養素のひとつです。肉、卵を選ぶ際は、安全性の高い飼料を与えているか、ストレスのない飼育方法であるか、抗生物質やホルモン剤などの薬物を使用していないかをなるべくチェックして購入しましょう。

　肉は牛、豚、鶏、羊など人と同じものを食べさせて大丈夫ですが、脂身の少ないものを選びましょう。

　また、良質の脂肪酸、ミネラル、そして豊富なたんぱく質が含まれる魚ももちろん良い食材です。天然ものの新鮮な小型魚（あじ、いわしなど）や白身魚（たら、たいなど）を適宜与えるとよいでしょう。

　まぐろなどの大型魚は重金属の蓄積が危惧されますので、人間はもちろん、猫ちゃんにも常食はおすすめできません。たまに与える程度にしておきましょう。また、缶詰の魚を使用する場合は、なるべく大型魚を避け、必ず食塩無添加のものを選ぶようにしてください。

　植物性たんぱく質として、豆類や納豆もぜひ取り入れて下さい。

お取り分け猫ごはんの**簡単ルール**

6

海藻類・乾物・だしを便利に使う

ミネラルたっぷりの海藻類も猫ちゃんにとって良い食材。ぜひメニューに取り入れて下さい。乾燥わかめやひじき、のりなどは保存が効き、使いやすいという点でも優れた食材です。また、切り干しだいこんやかんぴょうは野菜の代用としても役立ちます。切り干しだいこんの戻し汁はうまみもある上、体の中に溜まって酸化したコレステロールを落としてくれるデトックス効果もあり、料理にそのまま使える優れものです。ぜひ常備してください。

［だしのとり方］

我が家のおだしは、昆布一切れとどんこ2個です。どんこがないときは普通の干ししいたけを使います。昆布とどんこを1ℓのお水に入れて、一晩つけ込んでおくだけで美味しいおだしが出ます。いりこや煮干し、鰹節は塩分含有量が多いので、普段使いはせずお正月や御祝いごとの行事で使うようにしています。

お取り分け猫ごはんの**簡単ルール**

7

調味料は不要・人の分は後づけで

　基本的に猫ちゃんの食べるものに調味料はNGです。私の料理は、お取り分け猫ごはんを始める前から、塩はほとんど使っていませんでした。父が高血圧だったということ、ほとんどの調味料に塩が入っていることから、野菜を茹でるときも塩を使わない減塩生活が普通になっていました。オーガニック食材を食べ始めてからは、食材そのものが美味しいので、ますます塩や調味料を使わなくなったということもあります。本書で紹介しているレシピはすべて、そのまま食べても美味しいように仕上げていますが、猫ちゃんに取り分けた後、人が食べるときに物足りなければ、お好みでポン酢かおしょうゆ、豆乳マヨネーズなどをつけて食べるのがオススメです。

お取り分け猫ごはんの**簡単ルール**
8
割合・量・時間は厳密でなくてOK!

猫ちゃんのメニューは、**肉・魚：野菜：穀物＝5：3：2**を目安にしてください。きっちり計る必要はなく、目分量でOK！

4kgのうちの猫で、朝・晩2回で合計200g程度をあげています。一概に「○kgの猫なら○gの食事」と言い切れるものではないので、人間同様、その子の適量を見つけていってください。

食事の時間は、「こうでなければいけない」とは決まっていません。うちでは、私の仕事柄、毎日決まった時間にあげるのが難しいので、ざっくりと朝・晩の2回です。ごはんを作ることもあげることも、**飼い主さんと猫ちゃんにとってストレスがない方法であることが大切**だと考えています。

お取り分け猫ごはんの簡単ルール
9

消化しやすく、ごはんとおかずを混ぜる

[作り方]
P.32から始まるレシピを参考に、おかずと、P.18のベースごはんを、消化しやすいように**フードプロセッサーやブレンダーで混ぜればできあがり**です。お取り分け猫ごはんの場合、市販のキャットフードよりも、見た目のボリュームは増えます。

[切り替え方]
猫は本来デリケートな生きものなので、フードをいきなり切り替えると、食べなかったり、胃腸に負担がかかり便秘や下痢をしてしまうことがあるので、従来の食事内容のうち、毎日1割ずつ程度、新しい食事内容の割合を増やし、1週間〜10日間で切り替えることをオススメします。

まずはその子の好みを知ることを心がけましょう。

食事は**バランスとバラエティの豊富さが大切**なので、野菜が苦手な子の場合は好みのお肉の下に入れたり、お肉と混ぜたりしてあげるようにして下さい。また形があるものが好きな子もいれば、ペースト状でないと食べなくなる子もいます。人間の子供と同様、その子の性格、好みを見つけながら徐々に切り替えるようにしましょう。

お取り分け猫ごはんの**簡単ルール**

10

猫ごはんは常温で、うんちの硬さはおからで調整

　猫ちゃんの食事は、**常温もしくは人肌に温めて**あげて下さい。冷蔵庫から出したばかりの冷たいものを食べると、下痢をする場合があります。私が講義するときには、いつもお伝えしているのですが、**冷えと肥満は万病の元**、それは人間も猫ちゃんも同じですね。

　私の生きがいはこの子達の「朝のお便り」を見ることです。うんちはまさに健康のバロメーター。

　我が家では、ベースごはんのおからの量で、うんちの硬さを調整しています。緩いときは少なめに、固いときは少し多目になど、猫ちゃんに合わせてあげて下さい。おからは、お豆腐屋さんのものがベストです。スーパーで売っているものは、なるべく酸化防止剤などの添加物が入っていないものを選んでください。

27

お取り分け猫ごはんの**簡単ルール**

11

食べさせてはいけないNG食材

人にとっては美味しくても、猫ちゃんにはNGな食材が意外とあります。これらと**一緒に調理したものもあげない**ように注意してください。

●**長ねぎ、玉ねぎ、にら、らっきょう、にんにく、しょうが**……血尿、ひどい場合は貧血を招きます。

●**いか・たこ・かに・えび**……下痢の原因となります。

●**乳製品**……猫ちゃんには乳糖を分解する消化酵素がありません。牛乳をベースとした乳製品は全般的にNGと考えましょう。

●**加熱した動物・魚の骨**……鶏や魚の骨は、消化器に刺さって傷つける可能性があります。とくに割れやすい鶏の骨は要注意です。

●**添加物の入った加工食品（ハム・ベーコン・スナック菓子等）**……保存期間の長い加工食品は、猫ちゃんの体に悪影響を及ぼす塩分や糖分、添加物が多い傾向にあります。添加物を摂ったからといってすぐに悪影響が出るわけではありませんが、体内に蓄積され、のちのち大きな影響を及ぼす可能性があります。健康のためには猫も人も、なるべく自然に近い形の食べものをとることを心がけましょう。

●**カフェイン、カカオ（チョコレート）、アルコール、香辛料**……猫ちゃんはカフェインやアルコールを分解できません。水分は一質で新鮮な水だけにしましょう。また、カカオは下痢や嘔吐、最悪の場合、急性心不全を引き起こします。また、こしょうや唐辛子など刺激の強い香辛料も避けましょう。

●**卵の白身・じゃがいもの芽・なすのへた**……生卵の白身は皮膚や粘膜の炎症も起こします。じゃがいもの芽やなすのへたは、ソラニンという中毒を引き起こす物質が含まれています。

お取り分け猫ごはんの**簡単ルール**

12
アレルギーと好転反応を知る

　手作りごはんに変える際、気をつけたいのが猫ちゃんが食物アレルギーを持っている場合です。特に、三大アレルゲンに含まれる小麦、大豆は要注意。デリケートな猫ちゃんなら、前もって病院の血液検査をしておきましょう。

　また、食事を手作りのものに切り替えると、体内から毒素を出すデトックス、「好転反応」が見られるようになります。

　下痢、嘔吐、目やに、耳垢、かゆみや、口臭、体臭の変化が主な症状です。心配になりますが、体内に溜まった毒素を排出しているいわば健康への第一歩と理解し、見守りましょう。

　食事を変えてから3〜10日くらいで症状が出始め、数週間から1カ月で症状が緩和されていくと思います。数カ月を過ぎても症状が変わらないようなら動物病院で診察を受けることをオススメします。

お取り分け猫ごはんの レシピ24

【分量表記と調理の注意点】
- 大さじは 15cc、小さじ 1 は 5cc です
- 調味料の分量や調理時間、温度などはあくまで目安です
- 猫用を含む調理ですので、基本的に調味はしていません。人用は、おすすめの調味例を記していますが、材料に含まない場合もあります
- お使いの調味料や器具、設備の違いによっても料理の仕上がりは変わりますので、味見などをしながら調節してください
- 原則として、無農薬有機栽培のオーガニック野菜を使用していますので、だいこんやにんじんなどは軽く水洗いしたうえで、皮つきのまま調理しています。オーガニックではない野菜を使用する場合は、残留農薬の可能性を考えて皮をむいてから調理することをオススメします
- じゃがいもは、オーガニックのものでも皮や芽の部分、未熟で緑色の部分に猫にとっては毒となるソラニンを含む場合がありますので、しっかり熟したものを選び、皮をむき、芽の部分は削りとって使用してください
※それでも心配な方は、じゃがいもを使わずに調理してください

【各穀物を炊く&ゆでる場合の水分量の目安】
- 玄　米 ……… 玄米の量に対して、1.25～1.3 倍の水分量が目安
- キヌア ……… キヌアの量に対して、3～4 倍の水分量が目安
- 高きび ……… 高きびの量に対して、4～5 倍の水分量が目安
- はと麦 ……… はと麦の量に対して、4～5 倍の水分量が目安
- もち麦 ……… もち麦の量に対して、4～6 倍の水分量が目安

※玄米は圧力鍋、その他は通常の鍋で調理した場合の水分量の目安です。炊飯器などを使用する場合は、メーカー指定の水分量を参考にしてください

【大豆ミートの説明】
- 「畑のお肉」といわれる大豆で作られた健康食品です。高たんぱく低カロリーで、肉のような食感が楽しめます。保存も効きますので、常備すると重宝します

【栄養価についての注意点】
- カリウムやカルシウム、マグネシウムなどのミネラルは、たとえ健康効果が素晴らしいものでも多く摂り過ぎると猫にとって逆効果になる場合もあります。本書のレシピ量では問題ないはずですが個体差もありますので、くれぐれも摂り過ぎには注意しましょう

◎本書のレシピは「猫1匹分＝半人前」とし、「大人2人＋猫2匹＝3人前」としています

猫ごはんの
Point
重金属の蓄積が心配な大型魚よりも、なるべく小魚を選びましょう

あじの刺身と彩り野菜のキヌアサラダ

キヌアは食物繊維やビタミンB群、ミネラルがたっぷり！
EPAやDHA、たんぱく質が豊富なあじをのせて……

あじの刺身と彩り野菜のキヌアサラダ
つくりかた

【材料】（3人前）
- あじ（刺身用） …… 100g
- キヌア（乾物） …… 小さじ2
- 水 …… 200cc
- じゃがいも …… 1個
- かぼちゃ …… 1/4個
- ラディッシュ …… 4個
- ヤングコーン …… 3本
- きゅうり …… 1本
- スナップえんどう …… 3本
- 紫キャベツ …… 40g
- リーフレタス …… 1個
- 水（蒸し用） …… 750cc

【作り方】
1. 鍋に分量の水とキヌアを入れて強火にかけ、沸騰したら弱火にして7～8分ゆで、ざるにとる
2. 鍋に水を入れてスチーマーをセットし、皮をむいて乱切りにしたじゃがいもとかぼちゃ、ヤングコーン、スナップえんどうを蒸して火を通す
3. ボウルにスナップえんどう以外の❷の野菜、乱切りにしたきゅうりとラディッシュ、食べやすく切った紫キャベツを入れ、❶のキヌアを加えて和える。
4. 器に手でちぎったリーフレタスをしき、❸の野菜を盛りつけ、食べやすく切ったあじの刺身とスナップえんどうをあしらう

お取り分けタイミング

ここで猫用と人用を取り分ける。猫用は、ベースごはんとともにフードプロセッサーで細かくして混ぜる（19ページ参照）。人用は、豆乳マヨネーズ＆粒マスタードがおすすめ

健康効果へのPoint

EPAやDHAなどの脂肪酸は、血管をしなやかに、血液をさらさらにしてくれます

わかったコト

「腹ペコにゃ」
「早く早く〜」
「おいしいにゃあ」
ごはんにまつわる猫語は
わかりやすい

猫ごはんの
Point

ソースはつけずに
あげましょう

キャベツの肉巻きラップサラダ

たっぷりの野菜をお肉で包むことで、
ヘルシーなのに食べごたえのある一皿に

キャベツの肉巻きラップサラダ
つくりかた

【材料】（3人前）
- キャベツ ……… 1個
- オクラ ……… 6本
- ヤングコーン ……… 6本
- にんじん ……… 1/2本
- 豚もも肉（薄切り）……… 16枚
- 菜種油 ……… 大さじ2

［ソース］
- 赤ワイン ……… 適量
- 中濃ソース ……… 少々
- トマトケチャップ ……… 少々

※キャベツは1個丸ごとゆでてから、外側から軟らかい葉の部分を8～10枚程度使用します。残りの部分は、スープや煮込み料理などにご使用ください。
※オクラのうぶ毛が気になる場合は、塩をまぶしてオクラ同士をこすり合わせてから水洗いしてください。

【作り方】

① 鍋にたっぷりの水を入れて沸騰させ、芯をくり抜いたキャベツを入れて3分ゆで、上下を入れ替えてさらに3分ゆでて、主に葉の部分に火を通す

② ①のキャベツを破れないように外側からはがして、軟らかい葉の部分を10枚程度用意する

③ 鍋に水を入れて沸騰させ、ヤングコーンとにんじんをゆでてから、冷水にとって水気をきり、にんじんはせん切りにする

④ ②のキャベツを広げて、がくを削り落としたオクラと③の野菜をのせて、しっかり包む

⑤ 豚もも肉の薄切りを2枚広げ、一部が重なるように合わせて、④をしっかり包む

⑥ フライパンを強火にかけ、菜種油をひいて⑤を入れて転がすようにして焼き、肉に焦げ目がついたところで取り出し、食べやすく切って皿に盛る

⑦ ⑥のフライパンに残った肉汁に赤ワインを加え、アルコール分が飛んだら弱火にし、中濃ソースとトマトケチャップを入れて軽く煮詰め、器に入れて⑥に添える

🐾 お取り分けタイミング

猫用は、添えたソースはつけずに、ベースごはんとともにフードプロセッサーで細かくして混ぜる（19ページ参照）。

健康効果への Point

ビタミンが豊富なキャベツ＆食物繊維たっぷりのオクラなどにより健康効果大です

> わかったコト

猫の語源は「寝子」らしい……なるほどね

猫ごはんのPoint

女性と同じく、猫も便秘になりやすいので、食物繊維と水分をしっかり補給しましょう

もち麦の寒天よせ

もち麦と寒天には食物繊維が豊富。
ひんやりとした食感で真夏の軽食にもぴったり

もち麦の寒天よせ
つくりかた

【材料】（3人前）
- もち麦 ……………… 75cc
- 水 ………………… 350cc
- 鶏ささみ肉 ………… 1本（60g程度）
- ラディッシュ ……… 1個
- ブロッコリースプラウト ……… 少々
- 常備だし汁 ………… 80cc
- 寒天 ……………… 小さじ1

※常備だし汁に昆布の塩気が軽く効いているので、調味料は不要です。味が薄く感じる人は、食べる前にしょうゆか塩を少し足すとよいでしょう。

［常備だし汁］
A│
- 水 ………… 1ℓ
- 昆布 ……… 1枚（10cm角）
- 干ししいたけ ……… 2個

※干ししいたけは、どんこがオススメです。
※ピッチャーなどにAの材料をすべて入れ、冷蔵庫で一晩置くだけでできる常備だし汁です。そのまま味噌汁や煮物のだしなどに使えるので便利です。

【作り方】
1. 鍋にもち麦と分量の水を入れて、1時間程度浸水しておく
2. ①の鍋を強火にかけ、焦げないように適宜混ぜながら加熱して、沸騰したら弱火し、ふたをして20分ゆでる
3. 20分ゆでたら火を止めてコンロから下ろし、水分がなくなるまで30分程度そのまま置く
4. 鍋に常備だし汁と寒天を入れて弱火にかけ、よく混ぜながら3分程度加熱して火を止める。（火を止めてからも、寒天が完全に溶けるまで混ぜ続ける）
5. ゆでてから細かく手で割いた鶏ささみ肉をカップの底に敷き詰め、その上に❸のもち麦を入れ、スライスしたラディッシュをのせる
6. 冷ました❹を流しこみ、ブロッコリースプラウトをあしらい、冷蔵庫で1時間程度冷やし固める

🐾 お取り分けタイミング

猫用は、冷蔵庫から出した後、常温まで温度を戻す。冷たいままだと、お腹を壊す猫もいるので注意する。19ページで紹介したようにベースごはんに混ぜてもよいが、そのまま食べさせてもOK

健康効果への Point

食物繊維はもちろん、水分も豊富なので、夏の水分補給や便秘の解消にも効果があります

わかったコト
こんなにも
お待ちかねしてくれるので
料理のし甲斐があります

猫ごはんの Point

玄米ごはんがかぶるので、
ベースごはんを
少し控えましょう

チョップド・
ライスサラダ

スプーンひとつで手軽に食べられるチョップド・サラダに
玄米&もち麦を加えるとヘルシーなのにボリューム満点!

チョップド・ライスサラダ
つくりかた

【材料】(3人前)
- 玄米 ……… 300cc
- もち麦 ……… 30cc
- 水 ……… 400cc強
- 昆布 ……… 1枚(5cm角)
- ひよこ豆 ……… 25g
- 小豆 ……… 25g
- きゅうり ……… 1/2本
- 紫キャベツ ……… 適量
- スイートコーン(水煮) ……20g
- レタス ……… 適量
- ラディッシュ ……… 2個

[オレンジマヨネーズ・ドレッシング]
- A
  - マヨネーズ ……… 大さじ4
  - オレンジジュース(果汁100%のもの) ……… 少々
  - しょうゆ ……… 少々

※ボウルにAの調味料を入れ、よく混ぜてできあがり。お好みで黒こしょうを入れてもおいしくいただけます。

健康効果への Point
豆類でたんぱく質もしっかり補給できるので、このサラダひとつで一食分の食事になります

【作り方】
1. 玄米ともち麦は、炊く前に分量の水に6時間以上浸水しておく
2. 圧力鍋に❶の玄米ともち麦を水ごと入れ、昆布を加えてふたをし、強火にかける
3. 圧力が上がったら弱火にして、20分強ほど炊く
4. 炊きあがったら圧力が下がるまで放置して蒸らし、圧力が下がり切ったら、ふたを開けてしゃもじでよく混ぜる(天地返しする)
5. ひよこ豆は適量の水で1晩浸水し、小豆は浸水せずに水洗いして、それぞれ軟らかくなるまでゆでる
6. レタスは手でちぎり、きゅうりは角切りに、紫キャベツは食べやすく切る
7. 器に❹のごはんと❺の豆、❻の野菜を入れて混ぜ、スライスしたラディッシュとスイートコーンをのせる

🐾 **お取り分けタイミング**
ここで猫用と人用を取り分ける。猫用は、ベースごはんとともにフードプロセッサーで細かくして混ぜる(19ページ参照)。

8. 人用には、オレンジマヨネーズ・ドレッシングを全体にまわしかける

わかったコト

お皿がピカピカになるまで
食べてくれることが
私の何よりの幸福です

猫ごはんの Point

おからがかぶるので、ベースごはんのおからは入れずに玄米ごはんだけと混ぜましょう

おからのリースサラダ

食物繊維の宝庫であるおからを使ったお洒落なサラダ。休日のブランチの前菜にも◎

おからのリースサラダ
つくりかた

【材料】(3人前)
- おから……200g
- スイートコーン(水煮)……60g
- スイートコーンの水煮の汁……大さじ2
- 紫キャベツ……1/4個
- ディル(生のもの)……適量
- ラディッシュ……3個
- エディブルフラワー……適量
- 豆乳マヨネーズ……適量

※おからは、スーパーマーケットにある市販品よりも、ご近所で美味しいお豆腐屋さんを探して買うほうが風味はもちろん、栄養的にも断然よくなります。
※豆乳マヨネーズが入手できない場合は、普通のマヨネーズで**OK**です。

【作り方】

❶ 紫キャベツは粗みじん切りにする

❷ スイートコーンは容器から出して、コーンと汁を分けておく

❸ ボウルにおからと❶の紫キャベツ、❷のコーンと分量の水煮の汁を入れて混ぜ合わせる

❹ ❸をリース型の型に入れて表面を平らにし、皿を被せてひっくり返して盛る

❺ ラディッシュは1個分をスライスし、ディル、エディブルフラワーとともに飾り付けし、葉付きのラディッシュを添える

🐾 お取り分けタイミング

猫用は、おからがかぶるのでベースごはんのおからは入れずに、玄米ごはんとともにフードプロセッサーで細かくして混ぜる(19ページ参照)

❻ 人用には、取り分けた後に豆乳マヨネーズを添えて、適宜混ぜながら食べる

健康効果への Point
おからは食物繊維だけでなく、カルシウムやカリウム、たんぱく質も豊富でいいこといっぱいです

わかったコト

「猫に小判」
というけれど、
猫にだって
体にいいものの
価値はわかる

はと麦の美肌スープ

新陳代謝を活発化＆肌の保湿効果も！
楊貴妃も食べていたはと麦で毛ヅヤ＆肌を美しく！

猫ごはんの
Point

プチトマトは体を冷やし、皮の消化が悪いので猫用には入れないようにしましょう

はと麦の美肌スープ
つくりかた

【材料】(3人前)
- はと麦 ………… 100cc
- 水(はと麦用) ………… 400cc
- じゃがいも ………… 1個
- にんじん ………… 1/2本
- 鶏ささみ肉 ……… 2本(100g程度)
- プチトマト ………… 適量
- パセリ ………… 少々
- コンソメ(顆粒) ………… 小さじ1
- 水(スープ用) ………… 900cc

※コンソメ(顆粒)は、市販のブイヨンでもよいでしょう。

【作り方】

① 鍋にはと麦と分量の水を入れて、1時間程度浸水しておく

② ①の鍋を強火にかけ、焦げないように軽く混ぜながらゆでる

③ 沸騰したら弱火にし、ふたをして20分程度ゆでたら、火を止めてコンロから下ろし、水分がなくなるまで20分程度そのまま置く

④ 別の鍋にスープ用の水を入れ、鶏ささみ肉と皮をむいて角切りにしたじゃがいもとにんじんを入れて強火にかける

⑤ ④の鍋が沸騰したら弱火にし、鶏ささみ肉を取り出して、手で細かく割く

⑥ ⑤の鍋の中に③のはと麦と取り出した鶏ささみ肉を加えて、弱火で3分程度煮る

🐾 お取り分けタイミング

調味&プチトマトを添える前に、猫用を取り分ける。猫用は、汁の量を少なめにして、ベースごはんとともにフードプロセッサーで細かくして混ぜる(19ページ参照)

⑦ 人用のスープはコンソメで調味し、器に盛って、へたをとって半分に切ったプチトマトを添えて、みじん切りにしたパセリを振る

健康効果への
Point
はと麦は、玄米に次いでオススメの穀物です。新陳代謝を促進して美肌効果もあります

54

猫ごはんの
Point
豆乳のコクと
豚肉の風味に
ニャンコも大ハッスル
するはずです

切り干しだいこんの豆乳酒粕鍋

切り干しだいこんの食物繊維が
余分なコレステロールの吸収をガードしてデトックス！

切り干しだいこんの
豆乳酒粕鍋
つくりかた

【材料】（3人前）
- 切り干しだいこん ………… **50g**
- 常備だし汁
  （**42**ページ参照）…… **700cc**
- 豆乳 ………… **200cc**
- 酒粕 ………… **20g**
- はくさい ………… **200g**
- だいこん ………… **100g**
- にんじん ………… **1/2本**
- ほうれんそう ………… **2束**
- まいたけ ………… **40g**
- 豚ばら肉（薄切り）……… **100g**
- 油揚げ ………… **2枚**

【作り方】
❶ はくさい、ほうれんそう、豚ばら肉、油揚げは食べやすく切り、まいたけは石づきを切って手で割いておく

❷ だいこんとにんじんは、ピーラーでリボン状にむいておく

❸ 鍋に常備だし汁と切り干しだいこんを入れて強火にかけ、沸騰したら豆乳を加え、酒粕を溶かし入れる

❹ ❸が再沸騰したら、❶と❷の具材をすべて入れて、弱火で煮込んで火を通す

🐾お取り分けタイミング

猫用は、汁の量を少なめにして、ベースごはんとともにフードプロセッサーで細かくして混ぜる（**19**ページ参照）

※人用も調味しなくても、常備だし汁と切り干しだいこんの塩気と具材のうまみだけで美味しくいただけます。お好みでしょうゆを少々振ってもよいでしょう。

健康効果への
Point

野菜はもちろん、豆乳にも美肌効果や便秘の解消、高血圧予防など、いいこといっぱいです

巻かない ロールキャベツ

炊飯器で簡単にできる！
丸ごとキャベツでパーティーにも最適

猫ごはんの
Point

肉のうまみがしみこんだ
キャベツが
ベースごはんにからんで
ニャンコは大よろこびです

61

巻かないロールキャベツ
つくりかた

【材料】(3人前)
- キャベツ ……… 1個
- 合いびき肉 ……… 300g
- にんじん ……… 1/2本
- グリンピース ……… 少々
- 米粉 ……… 大さじ1
- パン粉 ……… 少々
- 常備だし汁(42ページ参照) ……… 800cc

【作り方】

❶ キャベツは、芯とその周囲の白い部分を全体量の1/3程度くり抜けるように包丁を入れ、くり抜いて取り出す

❷ ❶のくり抜いたキャベツの中身部分と適当に切ったにんじんをフードプロセッサーにかけて細かくし、さらに合いびき肉、グリンピース、米粉、パン粉を加える。

❸ ❷をさらにフードプロセッサーにかけて、よく混ぜる

❹ ❶のキャベツをくり抜いた穴に❸を詰めて、それを炊飯器の内釜に入れて、分量の常備だし汁を注ぐ(キャベツ全体が常備だし汁に浸るように分量を調節する)

❺ 炊飯のスイッチを入れて20分加熱したらスイッチを切り、そのまま冷ます

🐾 **お取り分けタイミング**

猫用は、汁の量を少なめにして、ベースごはんとともにフードプロセッサーで細かくして混ぜる(19ページ参照)

❻ 人用は、皿に取り分けてからお好みでポン酢やしょうゆをかける。(アツアツで食べたいときは、鍋で汁ごと温めなおす)

健康効果への Point
捨ててしまいがちなキャベツの芯も含めて丸ごと食べられるので、ビタミンの恩恵を余さず受けられます

わかったコト

やけにカワイイと
思ったら、
鼻にハートが
ついてたのか

もち麦のしゅうまい

近年ダイエット食として大注目のもち麦には
食物繊維がたっぷり！

もち麦のしゅうまい
つくりかた

【材料】（3人前）
- もち麦 ……… **50cc**
- 水 …… **300cc**
- 鶏ひき肉 ……… **40g**
- くず粉 ……… 少々
- レタス ……… 適量
- しゅうまいの皮 ……… **6枚**
- 水（蒸し用）……… **750cc**

※鶏ひき肉は、豚ひき肉や合いびき肉でもOKです。

【作り方】

❶ 鍋にもち麦と分量の水を入れて、1時間程度浸水しておく

❷ ❶の鍋を強火にかけ、焦げないように適宜混ぜながら加熱して、沸騰したら弱火にし、ふたをして20分ゆでる

❸ 20分ゆでたら火を止めてコンロから下ろし、水分がなくなるまで30分程度そのまま置く

❹ ボウルに❸のもち麦、鶏ひき肉、くず粉を入れてよく混ぜ、6等分にして丸く整形する

❺ しゅうまいの皮を細く刻んで、❹のあんにまぶして丸く成形する

❻ せいろにレタスをしいて、❺のしゅうまいを並べ、水を入れた鍋にセットする

❼ ❻の鍋を強火にかけ、湯気が立ったら弱火にし、皮が透明になって中に火が通るまで20分ほど蒸す。

🐾 お取り分けタイミング

ここで猫用と人用を取り分ける。19ページで紹介したようにベースごはんに混ぜてもよいが、そのまま食べさせてもOK

※人用は、好みでポン酢やしょうゆ、からしなどを添えてください。

健康効果への
Point
もち麦に含まれる食物繊維は、腸内で余分なコレステロールの吸収をガードしてくれます

猫ごはんの
Point
ミネラルだけでなく、
食物繊維も豊富で、
ニャンコの便秘も
すっきり解消します

高きびと
キャベツの鶏餃子

高きびはさまざまなミネラルの宝庫。
美味しく食べて高血圧や貧血を防ごう！

高きびとキャベツの鶏餃子
つくりかた

【材料】（3人前）
- 高きび ……… **30g**
- 水（高きび用）…… **120cc**
- 鶏ひき肉 ……… **30g**
- 水（蒸し用）……… **750cc**
- キャベツ（あん用）……… **45g**
- 餃子の皮 ……… **9枚**
- キャベツ（せいろ用）……… **60g**

※鶏ひき肉は、豚ひき肉や合いびき肉でも**OK**です。

【作り方】
❶ 高きびは軽く水洗いしてから鍋に入れ、分量の水を加えて、一晩浸水しておく

❷ ❶の鍋を中火にかけ、沸騰したら弱火にし、焦げないように適宜混ぜながら**20**分ほどゆで、水分がなくなったところで火を止め、ふたをして**15**分ほど蒸らす

❸ 別の鍋に水を入れて沸騰させ、あん用のキャベツをサッとゆでてから、冷水にとって水気をきり、せん切りにする

❹ ボウルに❷の高きび、鶏ひき肉、❸のキャベツを入れて、よく混ぜる

❺ 餃子の皮の真ん中に❹のあんを適量入れ、皮の周囲を水で濡らして半分に折り重ね、半円の丸い方を上にして両端を合わせて包む

❻ せいろに❸のキャベツをしいて、❺の餃子を並べ、水を入れた鍋にセットする

❼ ❻の鍋を強火にかけ、湯気が立ったら弱火にし、**20**分ほど蒸す。

🐾 お取り分けタイミング

ここで猫用と人用を取り分ける。**19**ページで紹介したようにベースごはんに混ぜてもよいが、そのまま食べさせても**OK**

※人用は、好みでポン酢やしょうゆなどを添えてください。

健康効果への
Point

高きびに豊富に含まれるマグネシウムが高血圧を抑え、鉄分は貧血を予防改善します

猫ごはんの
Point

ベースごはんに
混ぜても、
そのままおやつとして
与えてもOKです

おからナゲット

ダイエット中でも揚げものが食べたい！
腸内環境もキレイになる

おからナゲット
つくりかた

【材料】(3人前)
- おから ……… 200g
- 絹ごし豆腐 ……… 1/4丁 (75g程度)
- 鶏むね肉 ……… 1枚 (250g程度)
- 卵黄 ……… 1個分
- 米粉 ……… 大さじ3
- 粉チーズ ……… 大さじ2
- パセリ ……… 少々
- 菜種油 (揚げ油) ……… 適量

※本来、猫に乳製品はオススメできませんが、チーズは少なめであれば与えてもOKです。

【作り方】
① 鶏むね肉は、ぶつ切りにしてからフードプロセッサーにかける
② ①に、ペーパータオルに包んで手で絞り、水気をきった絹ごし豆腐、おから、卵黄、米粉、粉チーズを加えて、さらにフードプロセッサーにかけて混ぜる
③ ②をスプーンなどですくい、水で濡らした手にとり、ナゲットの形に成形し、フォークの裏側で表面に波型の模様をつける
④ フライパンに菜種油を入れて中火にかけ、170℃に加熱し、③を入れてきつね色になるまで揚げて火を通す
⑤ 器に④を盛って、パセリのみじん切りをふる

🐾 お取り分けタイミング

19ページで紹介したようにベースごはんに混ぜてもよいが、そのまま食べさせてもOK。ただし、猫用にはアツアツの揚げたては禁物。必ず冷めてからあげること

⑥ 人用は、お好みでトマトケチャップや塩をつけて食べる

健康効果への Point

おからや豆腐、鶏肉はたんぱく質がぎっしり！食物繊維も豊富で、お腹もすっきりします

わかったコト

同じ釜のメシを
楽しめるのは
安全安心な
食べもののおかげ

猫ごはんの
Point
ベースごはんに
混ぜても、
そのまま与えても
OKです

きのこと大豆ミートの
一口ハンバーグ

オードブルやお弁当にも最適！
大豆ミートでヘルシーハンバーグ

きのこと大豆ミートの 一口ハンバーグ
つくりかた

【材料】(3人前)
- 合いびき肉 ………… **300g**
- 卵黄 ………… **1個分**
- 米粉 ………… **大さじ2**
- しいたけ ………… **20g**
- 大豆ミート ………… **25g**
- うずらの卵 ………… **9個**
- 菜種油 ………… **大さじ2**

※きのこはしいたけに限らず、まいたけやマッシュルーム、しめじなど何でもOKです。

[ソース]
- 肉汁 ………… 適量
- 赤ワイン ………… 適量
- 中濃ソース ………… 適量
- トマトケチャップ ………… 適量

※ソースは、ハンバーグを取り出したフライパンに残った肉汁に、赤ワインを入れてアルコール分を飛ばしてから、中濃ソースとトマトケチャップを加えて煮詰め、とろみが出たらできあがりです。

【作り方】
1. ボウルにたっぷりの水と大豆ミートを入れ、1時間程度つけて戻す
2. ①の大豆ミートは手で絞ってしっかり水気をきり、フードプロセッサーで粗くひき、さらに手で絞って水気をきる
3. ボウルに合いびき肉、卵黄、米粉、しいたけのみじん切り、②の大豆ミートを入れ、粘り気が出るまで手でしっかりこねる
4. ③をピンポン玉よりも少し小さめに、水で濡らした手に取り、一口サイズに丸く成形する
5. フライパンを中火にかけ、菜種油をひき、うずらの卵を入れて焼き、9つ分の目玉焼きを作って取り出す
6. ⑤のフライパンに④のハンバーグを入れ、両面に焼き色をつけて中まで火を通す
7. 皿に⑥のハンバーグを盛り、⑤のうずらの目玉焼きをのせる

🐾 お取り分けタイミング
19ページで紹介したようにベースごはんに混ぜてもよいが、そのまま食べさせてもOK

8. 人用には、肉汁を利用したソースを添える

健康効果への Point
高たんぱく低カロリーのハンバーグなので、ダイエットにも最適です

猫ごはんの **Point**

プチトマトは体を冷やし、皮の消化が悪いので猫用には入れないようにしましょう

※写真では、ヴィジュアルの都合上、猫用にもプチトマトとブロッコリースプラウトを添えています。

もち麦と厚揚げ入り鶏ハンバーグ・チアシードのポン酢ジュレ添え

もち麦のβ-グルカンの効果で血液の循環を改善し胃腸機能を回復！

もち麦と厚揚げ入り鶏ハンバーグ・チアシードのポン酢ジュレ添え

つくりかた

【材料】（3人前）
- もち麦 ……………… 100cc
- 水 …………………… 400cc
- 厚揚げ ……………… 1枚
- 鶏ひき肉 …………… 180g
- くず粉 ……………… 大さじ1
- 菜種油 ……………… 大さじ2
- プチトマト ………… 1個
- ブロッコリースプラウト ……… 適量

※くず粉は、片栗粉でもOKです。

[チアシードのポン酢ジュレ]
A
- チアシード ………… 20g
- 水 …………………… 200cc
- ポン酢 ……………… 適量

※ボウルにチアシードと水を入れて一晩置き、水気を切ってからポン酢に混ぜて少し置くとジュレ状になります。

【作り方】

❶ 鍋にもち麦と分量の水を入れて、1時間程度浸水しておく

❷ ❶の鍋を強火にかけ、焦げないように適宜混ぜながら加熱して、沸騰したら弱火し、ふたをして20分ゆでる

❸ 20分ゆでたら火を止めてコンロから下ろし、水分がなくなるまで30分程度そのまま置く

❹ 別の鍋に水を入れて沸騰させ、厚揚げを湯通しして余分な油を抜き、ざるにあげてしっかり水気をきる

❺ フードプロセッサーに❸のもち麦、適当に切った❹の厚揚げ、鶏ひき肉、くず粉を入れてひき、3等分して成形する

❻ フライパンを中火にかけ、菜種油をひいて❺のハンバーグを入れて、両面をこんがりと焼いて火を通す

🐾 お取り分けタイミング

ここで猫用と人用を取り分ける。猫用は、ベースごはんとともにフードプロセッサーで細かくして混ぜる（19ページ参照）

❼ 人用を皿に盛り、スライスしたプチトマトとブロッコリースプラウトを天盛りにし、チアシードのポン酢ジュレを添える

健康効果への Point

もち麦は玄米同様に食物繊維が豊富なため、腸内環境をキレイにしてくれます

わかったコト

キッチンで
視線を感じて、
振り返ると
ニャンがいた。
その後ろにワンがいた

猫ごはんの
Point

ベースごはんに
混ぜても、
そのまま食べさせても
OKです

ひよこ豆と野菜の
スペイン風オムレツ

炊飯器で簡単にできる!
イソフラボンの効果でホルモンバランスも整い、
美肌効果も◎

ひよこ豆と野菜の
スペイン風オムレツ
つくりかた

【材料】(3人前)
- ひよこ豆（乾物）……… **250g**
- ひよこ豆を戻した水 ……… **1ℓ**
- 卵 ……… **4個**
- じゃがいも ……… **1個**
- にんじん ……… **1/2本**
- スイートコーン（水煮）……… **25g**
- グリンピース ……… **少々**
- ツナ（缶詰。食塩無添加 のもの）……… **1缶**

【作り方】

① にんじんはさいの目切りに、じゃがいもは皮をむいてせん切りにする

② ひよこ豆は軽く水洗いしてからボウルに入れ、たっぷりの水を加えて、一晩浸水しておく

③ ②のひよこ豆は戻した水1ℓとともに鍋に入れて強火にかけ、沸騰したら中火にして豆が軟らかくなるまで煮る

④ ③のひよこ豆をボウルに入れ、ポテトマッシャーやフォークなどを使ってマッシュ状にし、溶き卵、①のにんじんとじゃがいも、スイートコーン、グリンピース、ツナを汁ごと加えてよく混ぜる。

⑤ 炊飯器の内釜に④を流し込み、炊飯のスイッチを入れて**20分**加熱し、その後保温に切り替えて**15分**ほど置く

⑥ 卵が固まったら、粗熱をとってから器に盛る

🐾 お取り分けタイミング
19ページで紹介したようにベースごはんに混ぜてもよいが、そのまま食べさせてもOK

⑦ 人用には、取り分けた後にお好みでトマトケチャップなどを添える

健康効果への Point
イソフラボンが強い抗酸化作用を発揮して、血管を若々しく保ち、がんの予防にも効果があります

> わかったコト
>
> 君たちの
> 一炊の夢を
> 私も見てみたい

ローストビーフの玄米握り寿司

ニャンコだってたまにはごちそうを食べたい！

猫ごはんの
Point

ローストビーフを
カットするときに、
はしっこの部分は小さく
切ってそのまま贅沢な
おやつにも◎です

ローストビーフの玄米握り寿司
つくりかた

【材料】（3人前）

- 玄米 …………… **270cc**
- 水 ……………… **337cc**
- 昆布 …………… **1枚（5cm角）**
- 牛もも肉（塊）……… **300g**
- 白ごま ………… **少々**
- 菜種油 ………… **大さじ2**
- だいこん ……… **50g**
- しそ …………… **2枚**

※牛もも肉は、5×7cm程度の太さのものが寿司種には使いやすいです。

【作り方】

❶ 玄米は軽く水洗いしてから、6時間以上浸水しておく。牛もも肉は、冷蔵庫から出して常温にしておく

❷ 圧力鍋に❶の玄米と分量の水、昆布を入れてふたをし、強火にかける

❸ 圧力が上がったら弱火にして、20分強ほど炊く

❹ フライパンを強火にかけ、菜種油をしき、❶の牛もも肉を塊のまま入れて、転がしながら全表面を焼く

❺ 全表面を焼いたら、ふたをして火を止めて1分ほど余熱で肉を温め、肉を45度転がして再び強火にかけ、フライパンが熱くなったらすぐに火を止めて1分ほど置く。これをくり返して肉が1周したら、ふたをしたまま肉の粗熱をとる

❻ ボウルに❸の玄米ごはんを入れ、白ごまを加えて混ぜ合わせて、一口大ずつ形を整えて握る

❼ ❺のローストビーフを薄くスライスし、❻の握った玄米ごはんにのせる

🐾 お取り分けタイミング

ローストビーフをのせた寿司をそのままフードプロセッサーに入れて、細かくする。適当な野菜を加えても**OK**

❽ ボウルに薄くせん切りにしただいこんを入れ、しんなりするまで手でよく揉み、絞って水気をきってから、しそのせん切りを加えて和える

❾ 皿に❼を盛り、❽を添える

※人用は、わさびじょうゆがオススメです。

健康効果への Point

牛肉はヘム鉄と呼ばれる鉄分が豊富で、造血作用を発揮して貧血を予防改善します

わかったコト

その心は
草原で水牛の群れを
狙うライオンと
同じなのだ

猫ごはんの
Point

本来、乳製品は猫には
オススメできませんが、
チーズは少なめであれば
与えてOKです

たらと根菜たっぷりのターメリックライス

毛ヅヤ&美肌効果に期待!
疲れ目解消&免疫力UP、肝機能も助ける健康ごはん

たらと根菜たっぷりの ターメリックライス

つくりかた

【材料】(3人前)
- 玄米 ……… **300cc**
- 水 ……… **375cc**
- ターメリック ……… 小さじ1
- 昆布 ……… 1枚 (5cm角)
- たら (生の切り身) ……… 2切れ
- 鶏ひき肉 ……… **150g**
- 長芋 ……… **100g**
- れんこん ……… **50g**
- にんじん ……… 1/2本
- シュレッドチーズ ……… 適量
- 粉チーズ ……… 少々
- パセリ ……… 少々
- 菜種油 ……… 適量

【作り方】

❶ 玄米は、炊く前に分量の水に **6時間**以上浸水しておく

❷ 圧力鍋に❶の玄米を水ごと入れ、ターメリックと昆布を加えてふたをし、強火にかける

❸ 圧力が上がったら弱火にして、**20分**強ほど炊く

❹ 炊きあがったら圧力が下がるまで放置して蒸らし、圧力が下がり切ったら、ふたを開けてしゃもじでよく混ぜる (天地返しする)

❺ フライパンを強火にかけ、菜種油をひいて鶏ひき肉を入れて炒め、皿に取り出す。同じフライパンで、骨を取り除いたたらをソテーし、火が通ったら火を止める

❻ 別のフライパンに揚げ油として適量な菜種油を入れ、中火にかけて**170℃**程度まで加熱し、輪切りにしたれんこん、斜め切りにしたにんじんを素揚げして、火が通ったら皿に取り出して油をきっておく

❼ 耐熱皿に菜種油を薄く塗り、❹のターメリックライスをしき詰め、❺の鶏ひき肉、皮をむいてすりおろした長芋、❺のたら、❻の野菜、シュレッドチーズの順に重ね、**180℃**に温めておいたオーブンで**25分**焼き、粉チーズとパセリのみじん切りをふる

🐾 お取り分けタイミング

19ページのようにベースごはんには混ぜずに、冷ましてからそのまま食べさせてよい。消化に不安がある子には、フードプロセッサーで細かくして与える

※人用は、好みで塩やハーブ塩、こしょうなどを振ってください。

健康効果への Point

ターメリック (うこん) は、肝機能の補助、疲れ目や肌荒れを解消する効果が期待できます

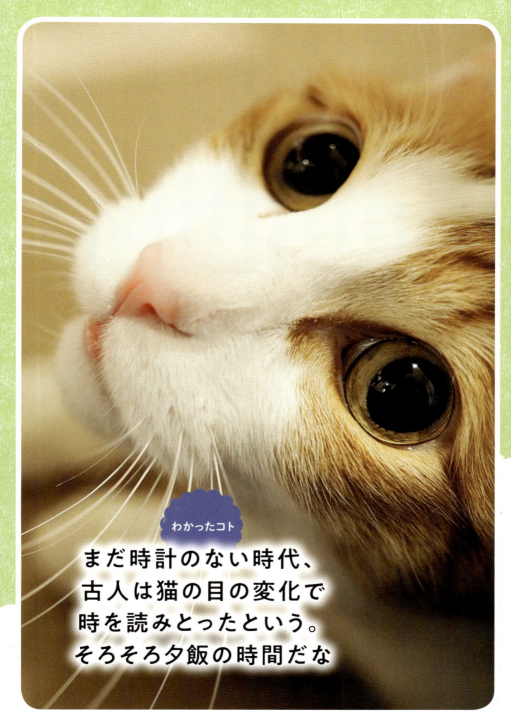

わかったコト
まだ時計のない時代、古人は猫の目の変化で時を読みとったという。そろそろ夕飯の時間だな

美肌そば

そばには毛ヅヤ&肌を美しくする
ビタミン&食物繊維がたっぷり!

※そばを猫に与えるときには、事前に必ずアレルギー検査をしてください。

猫ごはんの Point
納豆＆鶏むね肉で、猫に必要なたんぱく質もしっかりチャージできます

美肌そば
つくりかた

【材料】（3人前）
- そば（乾麺）……… 270g
- 納豆 ……… 150g
- 鶏むね肉 ……… 150g
- ブロッコリースプラウト ……… 適量
- うずらの卵 ……… 3個
- 水（蒸し用）……… 750cc

※乾麺のそばは、なるべく国産のものを使うことをオススメします。
※納豆に付属している調味料は使用しません。

［つゆ］

A
- 常備だし汁（42ページ参照）……… 300cc
- 醤油 ……… 70cc
- みりん ……… 50cc

※ボウルにAの調味料を入れ、よく混ぜてできあがり。常温でも結構ですが、冷蔵庫で好みの温度まで冷やしておいてもよいでしょう。
※我が家では、みりんは味の一醸造株式会社「味の母」を使っています。「味の母」は、米と米麹だけで醸造したみりんと酒だけで造られた無添加の調味料です。素材の味を引き立たせ、そばのつゆなどには香りとコクを与えてくれます。オススメ！

【作り方】
1. バットにそばとひたひたの水を入れ、10分ほど浸水しておく
2. 鍋に水を入れてスチーマーをセットし、鶏むね肉を蒸して火を通す
3. 別の鍋にたっぷりの水を入れて沸騰させ、①のそばを入れる
4. 再沸騰したら弱火にして、麺の硬さを見ながら好みの硬さまでゆでる
5. ゆで上がったらそばをざるにあげ、流水で手早く洗い、ボウルに入れた冷水に入れて麺をしめる
6. ボウルに納豆を入れ、箸で十分に混ぜて粘りを出す。②の鶏むね肉は、食べやすい大きさに手で割く
7. ざるに水気をしっかりきった⑤のそばを盛り、⑥の納豆と鶏むね肉をのせ、根を切ったブロッコリースプラウトとうずらの黄身を天盛りにする。

※そばのゆで方は、目安です。製品によって適したゆで時間が異なりますので、ご注意ください。

🐾 お取り分けタイミング

猫用は、そばの量を考慮してベースごはんの量を控えめにし、フードプロセッサーで細かくして混ぜる（19ページ参照）

8. 人用には、つゆを添える

健康効果への Point

そばに豊富に含まれるルチンは、毛ヅヤや肌を美しくするビタミンCの吸収を助けます

わかったコト

同じごはんを
食べられるんだから……
猫も犬も人も
大した違いはないよね

たらと玄米の豆乳チャウダー

やっぱり猫は魚が好き。
低脂肪のたらと豆乳の効果で
猫も女性も美しく!

猫ごはんの
Point
玄米ごはん入りのチャウダーなので、ベースごはんは必要ありません

たらと玄米の豆乳チャウダー
つくりかた

【材料】（3人前）
- 玄米 …………… 270cc
- 水（炊飯用）……… 337cc
- 昆布 ……… 1枚（5cm角）
- 豆乳 …………… 200cc
- 水（スープ用）…… 900cc
- たら（生の切り身）…… 2切れ
- にんじん ………… 1/2本
- じゃがいも ………… 1個

【作り方】
1. 玄米は軽く水洗いしてから、6時間以上浸水しておく
2. 圧力鍋に❶の玄米と分量の水、昆布を入れてふたをし、強火にかける
3. 圧力が上がったら弱火にして、20分強ほど炊く
4. 鍋に分量の水をはり、にんじんと皮をむいたじゃがいもの角切りを入れ、強火にかける
5. ❹の鍋が沸騰したら中火にして、骨を取り除いて食べやすく切ったたらと豆乳、❸の玄米を入れる

🐾 お取り分けタイミング

ここで猫用と人用を取り分ける。猫用は、汁の量を少なめにして、フードプロセッサーで細かくして混ぜる（ベースごはんは混ぜなくてよい）

6. 人用は、お好みで市販のコンソメや塩、こしょうなどで調味し、器に盛る

健康効果への Point
たらと豆乳には、たんぱく質が豊富です。豆乳には抗酸化作用もあるので、がん予防にも効果があります

わかったコト
我が家のヒョウは
木の上に、
オオカミは平原にあった

猫ごはんのPoint
黒豆やひじき、小豆の効果でおしっこトラブルを改善します

黒豆とひじき&小豆の玄米おむすび

マクロビオティックの考えでは「黒い食べもの」は腎機能を助ける

黒豆とひじき&小豆の玄米おむすび
つくりかた

【材料】（3人前）

[黒むすび]
- 玄米 ……………… **270cc**
- 黒米 ……………… **30cc**
- 姫ひじき（乾物）…………… **3g**
- 昆布 ……… 1枚（5cm角）
- 小豆の煮汁水 …………… **380 cc**

[小豆むすび]
- 玄米 ……………… **270cc**
- 小豆 ……………… **30cc**
- 昆布 ……………… 1枚（5cm角）
- 水（炊飯用）………… **340cc**
- 水（煮豆用）………… **150cc**

【作り方】

小豆の下ごしらえ（小豆の煮豆と煮汁水を作る）

Ⓐ 鍋に小豆と分量の水を入れて強火にかけ、沸騰したら弱火にして軟らかくなるまで煮る

Ⓑ Ⓐの鍋から小豆を取り出す

Ⓒ Ⓑの鍋に残った煮汁を計量カップで測り、そこに水を足して全量が **380cc** になるようにして、小豆の煮汁水を作る

黒むすび

❶ 玄米と黒米は軽く水洗いしてから、**6**時間以上浸水しておく

❷ ボウルに姫ひじきとたっぷりの水を入れて戻し、ざるにあげてから細かく切る

❸ 圧力鍋に❶の玄米と黒米、❷の姫ひじき、Ⓒの小豆の煮汁水、昆布を入れてふたをし、強火にかける

❹ 圧力が上がったら弱火にして、**20**分強ほど炊く

❺ 炊きあがったら圧力が下がるまで放置して蒸らし、圧力が下がり切ったら、ふたを開けてしゃもじでよく混ぜる（天地返しする）

❻ **3**等分して、おむすびを握って器に盛る

小豆むすび

❶ 玄米は軽く水洗いしてから、**6**時間以上浸水しておく

❷ 圧力鍋に❶の玄米と分量の水、昆布を入れてふたをし、強火にかける

❸ 圧力が上がったら弱火にして、**20**分強ほど炊く

❹ 炊きあがったら圧力が下がるまで放置して蒸らし、圧力が下がり切ったら、ふたを開けてしゃもじでよく混ぜ（天地返しする）、Ⓑの小豆の煮豆を加えてさらに混ぜる

❺ **3**等分して、おむすびを握って器に盛る

わかったコト

自分の味も
結構好きなようだ……

お取り分けタイミング

19ページのようにベースごはんには混ぜずに、そのまま食べさせてよい。消化に不安がある子には、フードプロセッサーで細かくして与える

健康効果への
Point

黒豆やひじきは腎機能を助けるほか、食物繊維も豊富なので腸内環境がキレイになります

豆腐つくね

健康食として世界中で愛されている
豆腐をメインとしたダイエットつくね

猫ごはんの
Point

多めに作って
冷蔵保存すれば、
忙しいときにもすぐに
美味しい猫ごはんが
作れます

豆腐つくね
つくりかた

【材料】(3人前)
- 木綿豆腐 ……………… 1/2丁（150g 程度）
- 鶏ひき肉 ……………… 100g
- 卵黄 ……………… 1個分
- まいたけ ……………… 20g
- 米粉 ……………… 少々
- 菜種油 ……………… 大さじ2

※まいたけではなく、しいたけでもOKです。

【作り方】

❶ 木綿豆腐はキッチンペーパーで包んで、手で絞り、しっかり水気をきる

❷ ボウルに、❶の木綿豆腐、鶏ひき肉、卵黄、みじん切りにしたまいたけ、米粉を入れてよく混ぜ、団子状に整形する

❸ フライパンを中火にかけ、菜種油をひき、転がしながら表面がこんがりするまで焼き、火を通す

🐾 お取り分けタイミング

ここで猫用と人用を取り分ける。19ページで紹介したようにベースごはんに混ぜてもよいが、そのまま食べさせてもOK

❹ 人用は、串にさして皿に盛りつけて、好みで塩やしょうゆ、七味とうがらしなどを振る

健康効果への
Point
豆腐は良質のたんぱく質の宝庫で、脂肪分も少ない健康食。たんぱく質不足の予防に◎です

大豆ミートと鶏のそぼろ

高たんぱく&低カロリーの大豆ミートを使った
便利な作り置き惣菜

猫ごはんの
Point

そのまま
間食やおやつに
与えてもOKです

大豆ミートと鶏のそぼろ
つくりかた

【材料】（作りやすい量）
- 大豆ミート …………… 150g
- 鶏むね肉 …………… 150g

※鶏むね肉は、鶏ささみ肉でもOKです。

【作り方】

❶ ボウルにたっぷりの水と大豆ミートを入れ、1時間程度つけて戻す

❷ ❶の大豆ミートは手で絞ってしっかり水気をきり、フードプロセッサーで粗くひく

❸ 鍋に水を入れて沸騰させ、鶏むね肉を加えてゆでて、火を通す

❹ ❷のフードプロセッサーに、ぶつ切りにした❸の鶏むね肉を加えてさらにひいて混ぜ合わせ、保存容器に入れる。

※冷蔵庫で1週間程度は保存できます。

🐾 お取り分けタイミング

19ページで紹介したようにベースごはんに混ぜてもよいが、そのまま食べさせてもOK

健康効果への
Point
新陳代謝に必要不可欠なたんぱく質をしっかり補給して、丈夫な体作りに役立ちます

油揚げに入れて軽くあぶると、ビールに合う美味しいおつまみに！しょうゆをちょこっとつけると◎

猫ごはんの **Point**

加熱調理しない切り干しだいこんは歯ごたえがあるので、より細かくしましょう

切り干しだいこんのサラダ

カリウムが豊富な切り干しだいこんで余分な塩分を排出！
むくみや高血圧の予防改善に最適の簡単サラダ

切り干しだいこんのサラダ
つくりかた

【材料】(3人前)
- 切り干しだいこん ……… **30g**
- にんじん ……… **25g**
- きゅうり ……… **25g**
- 白ごま ……… 少々
- ポン酢 ……… 小さじ1

【作り方】

❶ ボウルに切り干しだいこんを入れてたっぷりの水を張り、**20**分程度浸けて戻し、手で軽く絞って水気をきる

❷ にんじんときゅうりは、せん切りにする

❸ 別のボウルに❶の切り干しだいこん、❷のきゅうりとにんじんを入れて和える

🐾 お取り分けタイミング

調味する前に、猫用を取り分ける。猫用は、ベースごはんとともにフードプロセッサーで細かくして混ぜる（**19**ページ参照）

❹ 人用はポン酢で和えて器に盛り、白ごまをふる

※切り干しだいこんの戻し汁は、体内で酸化したコレステロールを排出してくれる効果が期待できるので、捨てずに味噌汁や煮物のだしとして活用してください。

健康効果への Point

切り干しだいこんは、カリウムを始めとしたミネラルや食物繊維の宝庫で栄養たっぷりです

118

猫ごはんの
Point

ブロッコリーの茎、
にんじん、キャベツは
歯ごたえがあるので、
細かくして与えましょう

ブロッコリーの茎サラダ

捨てちゃうなんてもったいない！
ビタミンC＆β-カロテンが豊富な茎を美味しく食べよう

ブロッコリーの茎サラダ
つくりかた

【材料】(3人前)
- ブロッコリーの茎 ……… **140g**（ブロッコリー約**2**個分）
- にんじん ……… **1/2**本
- キャベツ（芯や葉の硬い部分）……… 少々
- 白ごま ……… 少々
- 水（蒸し用）……… **750cc**

【作り方】

❶ ブロッコリーの茎は皮をむき、にんじんとともに斜め切りにする

❷ 鍋に水を入れてスチーマーをセットし、❶の野菜とキャベツの芯、葉の硬い部分を蒸して火を通す

❸ 蒸し上がったら、すべてせん切りにして混ぜ、器に盛って白ごまをふる

🐾 **お取り分けタイミング**

ここで猫用と人用を取り分ける。猫用は、ベースごはんとともにフードプロセッサーで細かくして混ぜる（**19**ページ参照）。

❹ 人用には、お好みでポン酢やマヨネーズなどを添えるとよい

健康効果への
Point
ブロッコリーの茎には抗酸化作用のあるβ-カロテンが豊富なので、動脈硬化やがんの予防に効果があります

猫ごはんの Point

忙しいときにでも
冷蔵庫から出して
ベースごはんと混ぜるだけで
栄養たっぷり猫ごはん!

キャベツと豚の スチームサラダ& ほうれんそうと ささみのごま和え

作り置きできる野菜とお肉のお惣菜で
ビタミン&ミネラル、たんぱく質を手軽に補給!

125

キャベツと豚のスチームサラダ＆ほうれんそうとささみのごま和え

つくりかた

【材料】（3人前）

[キャベツと豚のスチームサラダ]
- キャベツ ……… 1/2個
- 豚ばら肉（薄切り）……… 100g
- にんじん ……… 1/2本
- レモン ……… 1枚（5cm角）
- 水（蒸し用）……… 750cc

[ほうれんそうとささみのごま和え]
- ほうれんそう ……… 1袋（200g程度）
- にんじん ……… 1/2個
- 鶏ささみ肉 ……… 100g
- 白ごま ……… 少々
- 水（蒸し用）……… 750cc

※レモンは皮ごと使うので、国産の無農薬のものをオススメします。輸入品や無農薬でないレモンを使うときは、表面をよく洗うか皮をむいて使いましょう。

【作り方】

キャベツと豚のスチームサラダ

❶ キャベツは大きめのくし形に切り、にんじんは斜め薄切りにする。豚ばら肉は食べやすい大きさに切る

❷ 鍋に水を入れてスチーマーをセットし、❶を蒸して火を通す

❸ 蒸し上がったら、キャベツはざく切りに、にんじんはせん切りにする

❹ 保存容器にキャベツ、豚ばら肉、にんじんを入れて軽く混ぜ、いちょう切りにしたレモンを添える

ほうれんそうとささみのごま和え

❶ にんじんは斜め薄切りに、鶏ささみ肉はぶつ切りにする

❷ 鍋に水を入れてスチーマーをセットし、ほうれんそうと❶を入れて蒸し、火を通す（ほうれんそうは、しんなりしたら先に取り出す）

❸ 蒸しあがったら、ほうれんそうは食べやすく切り、にんじんはせん切りにする。鶏ささみ肉は、食べやすい大きさに手で割く

❹ 保存容器に❸を入れて軽く混ぜ、白ごまをふる

🐾 お取り分けタイミング

ここで猫用と人用を取り分ける。猫用は、それぞれ与えるときにベースごはんとともにフードプロセッサーで細かくして混ぜる（19ページ参照）。

※それぞれ人用には、食べる直前にポン酢少々で和えて器に盛る

健康効果への Point

ゆでずに蒸すことでビタミンやミネラルの流出を防げるので、その分健康効果も大きくなります

わかったコト

猫も人間も
細胞は食べたもので
できている。
君たちと私は、
もう同じ細胞同士だね

オーガニック料理教室 **G-veggie**の ご紹介

G-veggieでは、代表・はりまや佳子が30代後半の頃から取り組んでいるマクロビベースのオーガニックの理論と料理をお伝えしています。東京にある銀座校、蒲田校にて、オーガニック料理基礎コース&応用コースの料理教室のほか、オーガニック料理ソムリエ資格の認定なども開催しています。50代半ばとなったいま、自分史上最高の健康生活をおくっている代表が伝授するオーガニックのパワーで、みなさんも健やかで美しくなる日々を過ごしてみませんか?

フリーダイヤル	0120-756-888(10:00〜17:00 日・月曜休)
FAX	03-6733-8760
E-mail	info@g-veggie.com

※FAX、E-mailの場合は、お名前、性別、郵便番号、ご住所、電話番号を必ず明記の上、お問い合わせください
オフィシャルサイト　http://g-veggie.com/

お取り分け 猫ごはん
猫と同じゴハンを食べてわかった24のコト

2018年7月7日　初版発行

著者	五月女圭紀
監修	はりまや佳子
発行者	井上弘治
発行所	駒草出版　株式会社ダンク出版事業部
	〒110-0016
	東京都台東区台東1-7-1
	邦洋秋葉原ビル2階
	TEL 03-3834-9087
	FAX 03-3834-4508
	http://www.komakusa-pub.jp/
印刷・製本	新灯印刷株式会社

落丁・乱丁本はお取り替えいたします。定価はカバーに表記してあります。
©Tamaki Saotome 2018 Printed in Japan
ISBN978-4-905447-99-3 C2045

[STAFF]
調理&スタイリング	五月女圭紀
カバー&料理写真	中島聡美
イラスト	MICANO
編集協力	川股理絵(manic)
デザイン	松田剛、尾崎麻依、猿渡直美
	(東京100ミリバールスタジオ)
プロデュース	西田貴史(manic)

[Special Thanks]
森下陽介　信太郎　染川尚之　西田美香